POSE COLLECTION
音楽 × ポーズ

バンドと楽器を描く ポーズ資料集
ギター／ベース
ドラム／キーボード

技術評論社

ご購入・ご使用前に必ずお読みください

本書はバンドや楽器演奏を描きたい方のためのポーズ資料集です。
第1章と第3章でポーズ資料写真、楽器写真を、第2章でイラストレーター・HOJIさんによる
写真活用／トレースガイドを掲載しています。

また、特典として
・本書掲載の写真データ
・未掲載のポーズ資料写真データ
をダウンロードで配布しています。

※データをご使用の前に、同封されている「データご使用の前にお読みください.txt」を必ずお読みください。
　なお、第3章の楽器写真はダウンロード配布を行っておりませんので、あらかじめご了承ください。

掲載写真と写真データのご使用について
第1章、第3章で掲載した写真および未掲載含む写真データは、作画資料として全体または一部のトレースや模
写を行い、ご自身の作品の絵として、デッサン、イラスト、マンガ、アニメーションなどにご使用いただくことがで
きます（商業誌、同人誌、WebやSNSでの発表を含む）。

・第1章、第3章で掲載した写真および未掲載含む写真データ、また掲載写真および写真データを編集、改変し
たもの、第2章で掲載したイラストを加工、公開、複製、配布、譲渡、転載、転売、送信することは著作権の侵
害にあたりますので、禁止します。

例）　1．パッケージデザインやポスターなどの広告物に使用した場合
　　　2．データを使用して、営利目的で印刷・販売・Webサイト等のコンテンツ利用を行った場合
　　　3．特定企業のロゴマークや企業理念を表現したキャラクターとして使用した場合
　　　4．特定企業の商品またはサービスを象徴するイメージとして使用した場合
　　　5．公序良俗に反する目的で使用した場合

・知的財産権的な観点で問題を有している生成AIのトレーニング素材として、データを学習させた結果および関
連した内容、それをトレース、模写したものについて、公開、複製、配布、譲渡、転載、転売、送信を行うことを
禁止します。

著作権等
第1章で掲載した写真および写真データに収録されているすべての著作権は株式会社レミックに帰属します。
第3章で掲載した写真の著作権は各メーカーに帰属します。

免責事項
・本書に記載された内容は、情報の提供のみを目的としています。したがって、本書を用いた運用は、必ずお客様
自身の責任と判断によって行ってください。

・これらの情報運用、また収録されているファイルを使用した結果については、技術評論社および編者はいかなる
責任も負いません。お客様ご自身の責任と判断のもとにご使用ください。

・本書でダウンロードした写真データの利用は、必ずお客様自身の責任と判断によって行ってください。これらの
ファイルを使用した結果、生じたいかなる直接的・間接的存在も、技術評論社、編者、ファイルの制作に関わった
すべての個人と企業は、一切その責任を負いかねます。

・本書の制作にあたり、知的財産権的な観点で問題を有している生成AIは、一切使用しておりません。

本書の使い方

本書は第1章～第3章で構成されています。

第1章　楽器演奏ポーズ写真カタログ

ギター、ベース、ドラム、キーボードそれぞれ男女2名、計8名のモデルによる演奏ポーズ写真を楽器ごとに掲載しています。全身のポーズ写真に加え、上半身・手元・足元のアップ写真、またバンドの演奏風景を撮影したバンドセッション写真を収録しています。

バンドセッションページは、4人編成のバンドの演奏風景です。ポーズだけでなくポジションやカメラワークも参考にしてみてください。

第 2 章　カバーイラストメイキング

イラストレーター・HOJI さんによる、本書カバーイラストのメイキングページです。本書に掲載されているポーズ写真を活用した、背景つきキャラクターイラストの制作過程の解説です。ポーズ写真の活用例として参考にしてみてください。

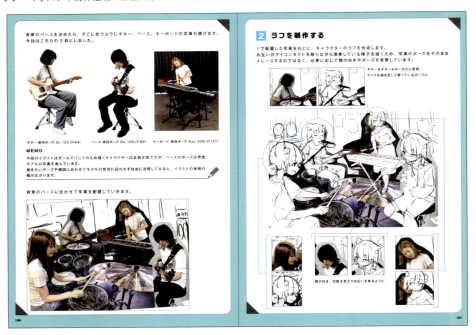

第 3 章　楽器コレクション

創作の参考に使用できる、楽器の紹介ページです。バンドでよく使用されるギター、ベース、ドラム、キーボード、アンプなどを写真で紹介しています。見かける機会の多いメジャーなモデルに加え、ややマニアックなモデルも含みます。一部の主要モデルでは、人物と楽器の対比図も掲載しています。

004

ダウンロードファイルについて

本書で掲載したポーズ写真ファイルおよび未掲載の特典専用データは、小社 Web サイトの本書専用ページよりダウンロードできます。ダウンロードの際は、記載のパスワードを入力してください。パスワードは半角の英数字で正確に入力してください。

ファイルのダウンロード方法

❶ Web ブラウザを起動して、下記の本書 Web サイトにアクセスします。
　https://gihyo.jp/book/2025/978-4-297-14612-2

❷ Web サイトが表示されたら、[本書のサポートページ] のボタンをクリックしてください。

❸ データのダウンロード用ページが表示されます。下記パスワードを入力して
　[ダウンロード] ボタンをクリックしてください。
　パスワード　Wh9RZknAsvaQ

❹ ブラウザによって確認ダイアログが表示されますので、
　[保存] をクリックすると、ダウンロードが開始されます。
　macOS の場合には、ダウンロードされたファイルは、自動解凍されて
　「ダウンロード」フォルダに保存されます。

❺ ダウンロードフォルダに保存された ZIP ファイルを右クリックして、
　[すべて展開] をクリックすると、
　展開されて元のフォルダになります。

▲本書 Web サイト

▲ダウンロード用ページ

ダウンロードの注意点

・ファイル容量が大きいため、ダウンロードには時間がかかります。ブラウザが止まったように見えてもしばらくお待ちください。
・インターネットの通信状況によってうまくダウンロードできないことがあります。その場合はしばらく時間をおいてからお試しください。
・ご使用になる OS や Web ブラウザによって、操作が異なることがあります。
・macOS で、自然解凍しない場合には、ダブルクリックで展開することができます。

ダウンロードファイルの使い方

ダウンロードした ZIP ファイルを展開すると、楽器ごとのフォルダが現れます。各フォルダを開くと、その楽器のポーズ写真ファイル（PNG）が格納されています。

ポーズ写真ファイルは、Windows「フォト」アプリなどの画像ビューアや CLIP STUDIO PAINT などのペイントソフトで開くことができます。

ファイル利用の注意点

・ファイル利用の前に P.2 とダウンロードファイルに同封されている「データご使用の前にお読みください .txt」ファイルを必ずお読みください。

CONTENTS

ご購入・ご使用前に必ずお読みください…002

本書の使い方…003

ダウンロードファイルについて…005

第1章　楽器演奏ポーズ写真カタログ … 009

エレキギター

◎自然な演奏…010　　　◎ライブパフォーマンス…013　　　◎歩きながら演奏…020

◎モニタースピーカーに足を乗せる…021　　　◎ギターソロ（ローポジション）…022

◎ギターソロ（ハイポジション）…024　　　◎コードカッティング…026

◎アルペジオ…028　　　◎チョーキング（ベンディング）…030　　　◎ビブラート…032

◎タッピング…034　　　◎スウィープピッキング…036　　　◎エフェクトペダルを踏む…038

◎譜面を見ながら…040　　　◎ボリューム／トーンノブを調節する…041

◎チューニング…042　　　◎座って演奏…044　　　◎足を組んで座って演奏…045

◎あぐらで演奏…046　　　◎ギターケースを背負う…047　　　◎演奏者の視点…048

◎ギターボーカル…050　　　◎強めのパース（フカン／アオリ）…052

アコースティックギター

◎自然な演奏…054

エレキベース

◎指弾き…058　　　◎スラップ…064　　　◎ピック弾き…066

◎ライブパフォーマンス…068　　　◎歩きながら演奏…074

◎モニタースピーカーに足を乗せる…075　　　◎ベースソロ（ローポジション）…076

◎ベースソロ（ハイポジション）…079　　　◎タッピング…082　　　◎スライド…084

◎エフェクトペダルを踏む…086　　　◎譜面を見ながら／チューニングする…088

◎座って演奏…089　　　◎足を組んで座って演奏…090

◎ベースケースを背負う…091　　　◎演奏者の視点…092

◎ベースボーカル…098　　　◎強めのパース（フカン／アオリ）…100

フレットレスベース

◎自然な演奏…094

エレキギター／エレキベース

◎向かい合って演奏…102　　　◎背中合わせで演奏…103

ドラム

◎スティックを構える…104　　　◎自然な演奏…108　　　◎PCを繋いだ演奏…117

◎ライブパフォーマンス…0118　　　◎タム回し…122　　　◎ペダルを踏む…124

◎マレット／ブラシ／ロッドを使った演奏…126　　　◎スティックでカウントをとる…128

◎スティックを回す…129　　　◎演奏者の視点…130　　　◎ドラムボーカル…132

◎スネアケースを背負う…133

キーボード

◎シンセサイザーの演奏…134　　◎上下2段で弾く…142　　◎座って演奏…144

◎オルガンの演奏…146　　◎左右の2台で弾く…156

◎ピアノの演奏…162　　◎ピアノの演奏（譜面を見ながら）…167

◎演奏者の視点（シンセサイザー／ピアノ）…168　　◎演奏者の視点（オルガン）…170

◎演奏者の視点（ピアノ）…172　　◎ペダルを踏む…173　　◎キーボードボーカル…174

バンドセッション…175

第2章　カバーイラストメイキング…181

第3章　楽器コレクション

◎エレキギター…200　　◎アコースティックギター…207

◎エレキベース…210　　◎ドラム…214

◎キーボード…217　　◎アンプ…220

モデル／イラストレーター紹介…222

第1章
楽器演奏ポーズ写真カタログ

エレキギター
自然な演奏

バンドサウンドの中心となるエレキギター。ときには重厚なコードカッティング、またあるときには軽やかにリズムキープ、かと思えば感傷的なソロで聴き手の心を揺さぶったりと、多くのロックバンドにおいてボーカリストとともにバンドの顔としてパフォーマンスを繰り広げます。

エレキギターは、弦振動をギターアンプで電気的に増幅させて音に変える仕組みになっています。

大音量はもちろん、歪ませる、揺らすなど音を多様に変化させることが可能です。多彩な音で曲に味つけできるのも、エレキギターの魅力といえるでしょう。

ギターには6本の弦が張られています。ギターを構えたとき1番上にくるのが6弦。弦は太さがすべて異なり、6弦が最も太く、1番低い音（E）を出します。下に向かって細くなり、1番下の1弦が最も細く、1番高い音（2オクターブ上のE）になります。ごくまれに、左利きのギタリストがギターを逆さに構えて6弦が1番下になっているのを見かけることもあります。

6弦よりさらに低い音を出す弦を追加した7弦ギターというものもあり、ヘヴィメタルやハードロックなど、より低く重厚なサウンドが求められるジャンルで使用されています。

リズムに乗った体の動きが表せると、楽しげな演奏シーンになります。また、難しいフレーズを弾くときは視線を左手に。真剣な眼差しやちょっと苦しげな表情もリアルさを生み出します。

DL Gt_001-Gt_006

エレキギター
ライブパフォーマンス

遠くにいる観客にアピールするような身振りがポイント。手の振り足の動きは大きく、飛んだりしゃがんだり、曲を身体中で表現するような躍動感がライブのダイナミックさを生みます。

DL Gt_007-Gt_014

エレキギター
ライブパフォーマンス

手を大きく振り回す、ギターを銃のように構えるのは定番の動き。頭も大きく振りかぶり、ロングヘアーをなびかせて、というのも魅力的です。

エレキギター
ライブパフォーマンス

体を反らせる、前に屈む、上半身の動きも臨場感が出ます。体を捻ってドラマーとのアイコンタクト、なんてバンドらしいですね。

エレキギター
ライブパフォーマンス

ピックを投げるのはギタリストならではの
パフォーマンス。ギターソロの後や曲が
終わったところでのファンサービスです。

エレキギター
歩きながら演奏

エレキギター
モニタースピーカーに足を乗せる

エレキギター
ギターソロ（ローポジション）

ギターには、正確な音程を出すため「フレット」と呼ばれる棒状の金属が指板に打ち込まれています。
フレットはボディから離れた位置から順に、1フレット、2フレット……と数えます。通常22本程度あり、そのうち1〜4フレットあたりまでをローポジションと呼びます。
ローポジションは、開放弦（指で押さえず鳴らす音）の豊かな響きや低音域の迫力ある音が特徴です。

エレキギター
ギターソロ（ハイポジション）

ローポジションに対して5フレット以上をハイポジションと呼びます。こちらは高い音域で、ハリのある音が特徴。チョーキング（P.30）など、ギターソロの見せ場になることが多いポジションです。

エレキギター
コードカッティング

コードカッティングはギターでの伴奏のひとつです。コードとは和音のことを指し、「C」「F」「Am」などの記号で表されます。左手でコードを押さえて右手を素早く上下し、特定のリズムパターンを刻みます。

「ジャンジャカジャジャ」「チャカチャーン」「チャカポコチャカポコ」など、言葉で表せるような印象的なコードカッティングも多くあります。楽曲のノリを決める大切な要素です。

コードカッティングは右手の規則的な上下の振りがポイント。コードを押さえる左手の動きは少なく、右手は細かく動かしています。

エレキギター
アルペジオ

アルペジオは左手で押さえたコードを右手で1弦ずつ単音で弾き、音を重ねていく奏法です。

コードカッティングとは異なり、右手の動きが細かいのが特徴。とくにエレキギターでは残響音やエコーを付加して広がりのある伴奏ができます。美しい響きを聞かせられるため、バラードやミディアムテンポの楽曲でよく取り入れられます。

アルペジオは1弦1弦弾くため、右手の動きは小さく、ゆっくりになります。繊細な奏法なので体も激しいアクションにはなりません。

エレキギター
チョーキング（ベンディング）

チョーキングは弦を押さえた左手の指をずらすように押し上げ、音程を滑らかに上げる奏法です。比較的ハイポジションで行うことが多く、ギターソロの決めとして使われることも。チョーキングをするときにギタリストが顔を歪ませているのを「顔で弾く」と表現したりします。

なお、チョーキングという名称は日本独自のもので、海外ではベンディング（ベンド）と呼ばれます。

エレキギター
ビブラート

ビブラートは一定の幅、周期で音程を揺らす奏法です。細かいチョーキングを繰り返すように左手を動かします。細かいビブラートは攻撃的な印象を与え、大きなビブラートはゆったりと空間を埋めるように響くなど、ギタリストの個性や感性が現れます。

エレキギター
タッピング

タッピングはライトハンド奏法とも呼ばれ、右手（ライトハンド）で弦をタップして音を出す奏法です。

左手では押さえられない素早い音の跳躍を奏でられます。右手がフレットの上に来る動きは、ほかの奏法と比べて特徴的な見た目になります。右手はピックを持っているため、弦をタップするのは中指が多いです。ギターソロにおける速弾きのフレーズに組み込むことで聴き手を圧倒します。

エレキギター
スウィープピッキング

スウィープピッキングは右手を高音弦から低音弦、あるいは低音弦から高音弦に向かって滑らかに上下させ、幅広い音程のフレーズを高速で繰り出す奏法です。ほうきで掃くようにピックを動かすためこのように名づけられました。撫でるような右手の動きが特徴的。
ギターソロ中のトリッキーなフレーズの組み立てによく使われます。

エレキギター
エフェクトペダルを踏む

ギタリストの足元に置かれたエフェクター（エフェクトペダル）は、ギターの音色を変化させます。
音を歪ませる、揺らす、残響をつけるなど効果はさまざま。たくさんの種類の効果をひとつの筐体に収めたものがマルチエフェクター、対して単体でひとつの効果を出すのがコンパクトエフェクターと呼ばれます。バッキング、ギターソロ、サビの盛り上げなど、楽曲のパートに合わせてエフェクターのスイッチを踏み、効果のオンオフをしながら音色を変化させていきます。好みのエフェクターを何種類も並べ、独自の音を探し求めるのもギタリストの楽しみのひとつです。

エレキギター
譜面を見ながら

バンドのライブで楽譜を見ることはあまりないかもしれません。しかし、ボーカリストのバックバンドとしての演奏などでは楽譜を譜面台に置いて演奏する姿もよく見かけます。立ち、座り、それぞれの高さに合わせてセットします。

エレキギター
ボリューム／トーンノブを調節する

エレキギター本体には通常、ボリュームとトーンのつまみがついています。ギタリストは演奏中も細かくつまみを動かして音を調整します。

ボリュームは音量の大小をコントロールし、トーンは高音域を調整して音を柔らかくしたり、反対に硬くすることもできます。はじめはボリュームを0にして、弦を弾くと同時にボリュームを上げていく「バイオリン奏法（ボリューム奏法）」という奏法もあります。

エレキギター
チューニング

ヘッドにあるペグを回して音を合わせるのがチューニング。ギターは通常、太い6弦から順にE、A、D、G、B、Eという音に合わせて調弦します。

昔はAの音が鳴る音叉を使って音を合わせましたが、今はチューナーと呼ばれる機械を使うのが主流です。チューナーにはギターのヘッドに挟んで使うクリップチューナーと、エフェクターのように足元に置いて使うペダルチューナーがあります。なお、ベースもギターと同じ方法でチューニングします。

ボーカリストが曲と曲の間で喋っているうちにギタリストがチューニングをする姿をよく見かけますね。これは、ギターを弾いているうちにチューニングが徐々にずれてしまうからです。

DL Gt_117-Gt_123

043

エレキギター
座って演奏

座って弾く場合、ギターのくびれを右太腿に置くことになるので、立って弾く場合より多少楽器を右寄りに構えることになります。楽器の向きも正面よりやや右向きに。ストラップを外して弾く場合もあります。

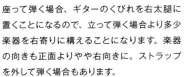

エレキギター
足を組んで座って演奏

DL Gt_124-Gt_131

エレキギター
あぐらで演奏

エレキギター
ギターケースを背負う

ギターケースは写真のようなギグバッグと呼ばれるショルダータイプのものが主流です。楽器を衝撃から守るための緩衝材が入ったものや、軽量でリーズナブルな薄手のものなど種類もさまざま。色やデザインも豊富なため、ケースにもギタリストの個性が表れます。多くのケースには大きなポケットが付いており、譜面やケーブルなどを収納できます。

より安全に高価な楽器を運びたいときはハードケースを使います。ハードケースはケース自体の重量があるため、車などでの移動がおすすめです。

エレキギター
演奏者の視点

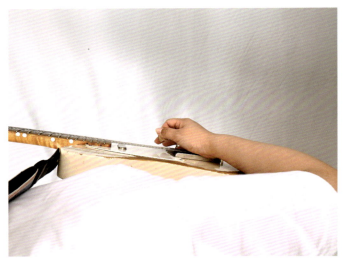

ピックは材質や厚み、持ち方によって弾き心地も音色も変わるため、ギタリストのこだわりのひとつです。
大きく分けてトライアングル型とティアドロップ型の2種類。トライアングル型は別名おにぎり型とも呼ばれ、正三角形の先端を丸めたような形です。ティアドロップ型は涙のような形をしており、先端のひとつが鋭くなっています。
基本の持ち方は親指と人差し指で挟むように握ります。ギタリストによって、深めに握ったり、反対に浅く握ったり、弦に対して平行に構えたり、角度をつけたりなど使い方は千差万別です。

エレキギター
ギターボーカル

ボーカリストが使うマイクは、主にダイナミック型とコンデンサー型の2種類です。ライブでは衝撃に強く耐久性のあるダイナミック型が使用されます。ボーカリストが使うマイクの定番であるSHURE（シュアー）のSM58もダイナミック型です。
レコーディングなどより繊細に音を記録する場面ではコンデンサー型が使われます。ただし非常にデリケートで取り扱いに注意が必要なため、通常の練習スタジオでの取り扱いは多くありません。

エレキギター
強めのパース（フカン／アオリ）

アコースティックギター
自然な演奏

アコースティックギターはエレキギターと違い、アンプに繋がなくとも単体で十分な音量が出せるよう、ボディは大きく、内部が空洞になっています。エレキギターには出せない自然な弦の響きが特徴で、バンドサウンドにおいても重要なエッセンスです。単体で大きな音が出せるとはいえバンドでの使用には音を増幅する必要があるため、マイクで音を拾ったり、ピックアップという音を拾う装置をつけて使用します。

055

アコースティックギター
自然な演奏

アコースティックギターのアルペジオは、ピックを使わず指で弾くこともよくあります。柔らかく繊細な音色で弾き語りなどにも多用されます。主に右手の親指、人差し指、中指、薬指を使って演奏します。

エレキベース
指弾き

バンドサウンドの低音を受け持つエレキベース。楽曲のリズムとコード進行の土台を支えるのがメインの役割です。ドラムとともにビートを作り、ギターやキーボードとコードを響かせます。

ベースの弦は通常4本で、低いほうからE、A、D、Gの音が出ます。これはギターの6～3弦のちょうど1オクターブ低い音です。クラシックで使われるコントラバスと同じ音域ですが、エレキベースの指板にはギターと同じようにフレットが打ってあるため、正確な音をとることができます。エレキギター同様、弦の振動をアンプで電気的に増幅して音を出す仕組みです。

エレキベース
指弾き

エレキベース
指弾き

4本の弦に加え、さらに低いほうに弦を追加した5弦ベースを使うベーシストも増えています。最低音がEより低いBになるため、より重厚な音の重なりを表現できます。5本の弦を支えるためにネックも太くなり、全体の重量も増します。
さらに高いほうにもう1本弦を追加した6弦ベースも存在します。高音側の音域も広がるため、テクニカルな演奏を求めるベーシストが使うことが多いです。

エレキベース
スラップ

スラップは、弦を親指で叩いて人差し指や中指ではじくことでアタック音を強く出す奏法です。まるで打楽器のようなリズムのキレを生み出せます。
この奏法が編み出されたことでベースはよりリズミカルな楽器になりました。スラップでのベースソロはベーシストが一度は憧れるかっこよく目立つパフォーマンスです。
日本でははじめ「チョッパー」と呼ばれていましたが、今ではスラップと呼ばれることが多いようです。

エレキベース
ピック弾き

ピック弾きと指弾き、どちらを選ぶかはベーシストそれぞれの好みと言ってもよいでしょう。演奏中の見た目も変わるため、パフォーマンスという視点でも重要な選択です。

音の違いとしては、基本的にピック弾きのほうが硬くゴリッとした音が出せますが、指弾きで硬質な音を出すベーシストや、反対にピック弾きで甘く柔らかな音を出すベーシストも存在します。ベーシストによっては楽曲ごとにピック弾きと指弾きを使い分ける場合も。全体的な傾向としては、テクニカル志向のベーシストは指弾きが多いようです。

エレキベース
ライブパフォーマンス

ギターよりひと回り大きいボディと長いネックを持つベースは、楽器を大きく動かすとダイナミックなライブパフォーマンスになります。ドラムと共にリズム隊を構成するベース。ビートに合わせた大きな動きで圧倒しましょう。

エレキベース
ライブパフォーマンス

小柄な女性の場合、ベースの大きさが強調されます。立てたり寝かせたりと色々な角度で操ると、上級者のパフォーマンスらしくなります。

エレキベース
ライブパフォーマンス

エレキベース
歩きながら演奏

エレキベース
モニタースピーカーに足を乗せる

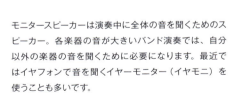

モニタースピーカーは演奏中に全体の音を聞くためのスピーカー。各楽器の音が大きいバンド演奏では、自分以外の楽器の音を聞くために必要になります。最近ではイヤフォンで音を聞くイヤーモニター（イヤモニ）を使うことも多いです。

足元のフットスピーカーは「ころがし」とも呼ばれます。ここに足を乗せて観客を煽るシーンをよく見かけますが、あくまでも踏み台ではなくスピーカーなので、あとで会場の人に注意されるかもしれません。

指版をしっかりと見据えてのテクニカルで高難易度のソロや、観客を見据えての煽りソロフレーズなど、色々なパターンが想定されます。

エレキベース
ベースソロ（ローポジション）

エレキベース
ベースソロ（ハイポジション）

エレキベース
ベースソロ（ハイポジション）

ベースでのハイポジションは使われることの少ない音域です。速弾きやアルペジオ、歪ませてのチョーキングなど、ギター顔負けのパフォーマンスもあります。

エレキベース
タッピング

タッピングはベースにもある奏法です。右手でフレットの上の弦をタップして音を出します。通常の伴奏で使われることは少ないものの、少し歪ませた硬い音で繰り出すタッピングはベースソロを盛り上げるのにうってつけです。ギターより長い指板の上を右手が動くパフォーマンスは目を惹きます。

タッピングの右手は中指か人差し指を使います。左手とのコンビネーションの素早い動きが秘訣。高速フレーズを意識しましょう。

エレキベース
スライド

スライドはヘッド側からボディ側に向かって、弦を押さえている左手を滑らせていく奏法です。曲中のちょっとした音の隙間にタイミングよく挟み込んでいきます。グイーン、グワーンと唸るような迫力ある音が特徴。ネックが長いベースだからこそ、見た目も格好よく決まります。

エレキベース
エフェクトペダルを踏む

ベーシストの足元にもギタリスト同様にエフェクターが並んでいます。エレキベースの音を出す回路は基本的にエレキギターと同じなので、電気的にさまざまな効果をつけられます。

ギター用のエフェクターをそのまま使うこともありますが、ベースはギターよりも音域が低いため、その低音が損なわれないよう、ベース専用のエフェクターを使うとより豊かな表現が可能です。ギタリスト同様、楽曲ごと、あるいは楽曲中のパートによって踏み替えることで多彩な音色を奏でられます。

エレキベース
譜面を見ながら／チューニングする

エレキベース
座って演奏

エレキベース
足を組んで座って演奏

エレキベース
ベースケースを背負う

エレキベースのケースもギターと同様ギグバッグが主流です。写真のケースはベースを2本収納できるもの。ベース2本だと本体だけでも8〜9kgほどあるため、リュックのように背負えるのはとても楽です。ベースはギターと比べて大きいため、背負うとかなりの高さになります。慣れないうちは扉にぶつけたりしないよう要注意です。

エレキベース
演奏者の視点

右手の位置は出したい音色によって変わります。硬めのはっきりした音ならブリッジ（右）寄りに、甘いトーンを狙うならネック（左）寄りになります。

フレットレスベース
自然な演奏

指板にフレットが打ち込まれていないベースをフレットレスベースといいます。フレットがないため、左手の指は適切な場所を押さえないと正しい音程が出せません。弾きこなすにはかなりの練習が必要です。しかしそのウォームなサウンドは、通常のエレキベースとはまったく違う表現力を持ちます。とくにスライドやビブラートではフレットレスならではの響きがあり、楽曲にさまざまな表情をつけ加えます。テクニカルなベースソロから、バラードの包み込むようなバッキングまで、多くの場面で活躍しています。正確なポジションのガイドとして指板にラインやドットがあるもの、まったくガイドのないものなど、見た目は機種によってさまざまです。

フレットレスベース
自然な演奏

フレットレスベースで特徴的なのはビブラート。左手の動きが弦に沿った平行（左右）になります。また、人差し指から小指まで使い、正確なポジションを押さえる必要があります。

エレキベース
ベースボーカル

エレキベース
強めのパース（フカン／アオリ）

エレキギター／エレキベース
向かい合って演奏

自由に動き回れるギターとベース。向かい合わせ、あるいは背中合わせでお互い煽ってみたり、2人で同じ動きを見せたりと、バンドらしい楽しい動きが作り出せます。

エレキギター／エレキベース
背中合わせで演奏

ドラム
スティックを構える

バンドにおけるドラムとは、大小のドラム（太鼓）やシンバルなどの打楽器を組み合わせたドラムセットを指します。演奏者によってその組み合わせ方やセット方法はさまざまですが、バスドラム（大太鼓）とスネアドラム（小太鼓）、タムタム（大小の太鼓）をいくつかと、合わせシンバルのハイハット、数枚のシンバルを組み合わせるのが基本形です。

ドラムのメインの役割は、ビートを生み出しリズムキープすること。両手両足を使って叩き分けるそのダイナミックな動きは、ステージの華となってライブを盛り上げます。まさにバンドの要です。

通常

中央に位置する一番大きいドラムがバスドラム。フットペダルを使い足で叩くようになっていて、キックドラムとも呼ばれます。通常、セットするのはひとつですが、これをふたつセットしたものがツーバスです。ひとつでも大きいバスドラムを2つセットすることでその存在感と迫力が格段に増します。左右の足で交互に高速で叩くツーバスの音圧は、ハードロックやヘヴィメタルの世界に欠かせない存在です。

DL Dr_001-Dr_005

105

ドラム
スティックを構える

フカン

スティックは決して握り込まず、親指と人差し指で支え、中指から小指は軽く添えます。叩き終わったときに、肘からスティックの先までが一直線になっているのが正しい叩き方です。

ドラム
自然な演奏

ドラム
自然な演奏

ドラム
自然な演奏

ドラム
自然な演奏

後ろ姿も美しいのが上級ドラマー。背筋は自然に伸び、猫背になったり左右に歪んだりしません。力みのない体が正確なリズムを刻みます。

ドラム
自然な演奏

ドラムの基本的な演奏法は、両手をクロスさせて右手でハイハット、左手でスネアドラムを叩きます。さらに右足でバスドラムのペダルを、左足でハイハットのペダルを踏み、リズムに合わせてハイハット、スネア、バスドラムを鳴らすのが基本のビートです。シンバルやタムはアクセントをつけるときやビートに変化を出すときに叩きます。

ドラム
PCを繋いだ演奏

あらかじめ録音したり打ち込んで作っておいた音をPCで鳴らしながら一緒に演奏することを同期演奏と呼びます。キーボーディストがいないのにピアノやシンセサイザーの音が鳴っている楽曲がありますよね。そのような場合のほとんどがこの同期演奏を用いています。同期演奏をするとき、ドラマーは同期音源とリズムがずれないようにガイドになるクリック音を聞きながら演奏しますが、ヘッドフォン（イヤフォン）でクリック音を聞きながら演奏するのはなかなか難しいものです。PCの操作はドラマーが自ら担当することもあります。

フカン

ドラム
ライブパフォーマンス

バンドのリズムを牽引するドラマー。やはりリズムに合わせたパフォーマンスが観客を魅了します。腕を大きく振りかぶってのシンバルクラッシュやタム回し、バスドラムを鳴らしながらのスティック回しなど、ここぞという場面での決め技はライブを一層盛り上げます。ギターのようにステージ前方に出ることはできませんが、スティックで客席を指差して観客を煽り、一体感を演出します。

ドラム
ライブパフォーマンス

ドラム
タム回し

複数あるタムタムは、それぞれ音の高さが違います。これらを連打していくフレーズをタム回しといいます。8小節や16小節の一区切りごとに入れることも多く、フィルインやおかずなどと呼ばれることもあります。「タカトコドコドコ」「ドカタコドカタコ」など、素早い連打で歌うようなフレーズが楽曲を勢いづけます。

ドラム
ペダルを踏む

フカン

右足で踏むのがバスドラムのペダル。踏むとペダルの先についているビーターがバスドラムを叩く仕組みです。

左足で踏むのがハイハットのペダル。ハイハットは2枚のシンバルを重ね合わせた構造になっていて、ペダルを踏むと2枚の隙間が閉じ、離すと開きます。踏んで叩くと「チッチッチ」、少し開いて叩くと「シャーシャーシャー」、ペダルを踏むと「チャッチャッチャ」など、いろいろな音を出すことができます。

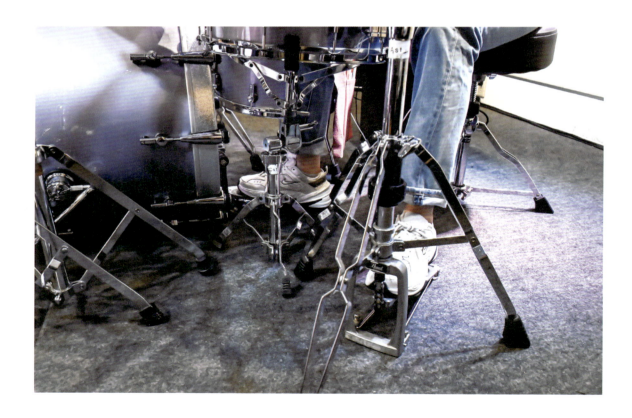

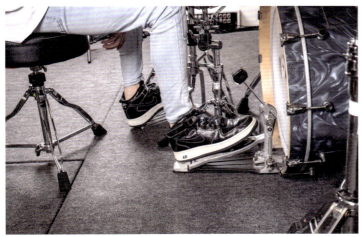

ドラム
マレット／ブラシ／ロッドを使った演奏

通常ドラムは木製のばちであるスティックで叩きます。太さや長さ、先端の形状や材質などさまざまな種類があります。黒や赤などのカラーもあり、ドラマーのこだわりが反映されます。スティック以外にもブラシやマレット、ロッドなどで叩くこともあります。バラードでよく聞かれるのがブラシを使った「シャーシャー」という音。手の動かし方から「焼きそば」と呼ぶ人もいます。ほかにもマレットでシンバルを荘厳に響かせたり、ロッドでスネアをソフトに鳴らしたりと、曲調によって使い分けます。

マレット▶

◀ ブラシ

ロッド ▶

ドラム
スティックでカウントをとる

ドラム
スティックを回す

ドラム
演奏者の視点

スティックの握り方は大きく分けて2種類。レギュラーグリップは左右同じ形で握ります。これに対してマッチドグリップは、左手の使い方が違います。親指と人差し指の付け根でスティックを挟み込み、薬指で支えるという持ち方で、ジャズ系のプレーヤーによく見かけます。本書の2人のドラマーはどちらもマッチドグリップです。

ドラム
ドラムボーカル

ドラム
スネアケースを背負う

ドラマーが手持ちで運ぶことが多いのは、スティック類のほかにスネアとバスドラムのペダルです。スネアはドラムサウンドの中心のため、スタジオやライブハウスの備品ではなく私物を持ち込んで使うことが多いパーツです。同じようにペダルも操作性が機種によって変わるため、多くのドラマーが私物を使います。スネアケースはスネアやペダルを入れて背負えるものが一般的。電車移動でも持ち運びが可能です。ドラムセット一式を運ぶ場合は車での移動が必要になります。

キーボード
シンセサイザーの演奏

バンドでいうキーボードは鍵盤楽器の総称です。ピアノ、オルガン、ストリングス、ホーンセクションなどさまざまな音色でバンドサウンドを多彩に盛り上げます。アコースティックピアノが用いられることもありますが、多くはシンセサイザーなどの電子楽器を使った演奏です。

シンセサイザーは音を電子的に合成して作り出します。自分で音色を作ることもできますが、多くの機種はピアノやオルガン、ストリングスなどの音色がプリセットされています。また、ピアノやエレクトリックピアノ、オルガンなどの音色に特化したものもあり、バンドではこれらのキーボードが使われることも多くなっています。

フカン

キーボードは1台だけでなく、2台3台と複数セッティングして使われることもよくあります。あらかじめどのキーボードからどんな音を出すか決めておき、楽曲に合わせて弾き分けます。バッキングやソロでよく使われるのはピアノやオルガン。ストリングスは弦楽器のアンサンブルで伴奏に厚みをつけられます。楽曲によってはサックスやトランペットなどの管楽器の音でサウンドに迫力を加えます。

キーボード
シンセサイザーの演奏

ギターやベースと一緒に演奏するキーボードは、1人で演奏するピアノとは弾き方が少し異なります。ギターが「ジャーン」とコードを鳴らしているときは単音でフレーズを入れたり、低音域はベースに任せて右手だけでコードを弾いたりなど、サウンドに彩りを与えます。ストリングスやホーンセクションのみを弾くときも片手での演奏が主流です。

フカン

キーボード
シンセサイザーの演奏

シンセサイザーについているさまざまなつまみで、音色を変えたり音程を揺らしたり音量を変えたりすることができます。フレーズを繰り出しながらつまみでコントロールしたり、柔らかく優しい音から硬い音に変えてソロに移ったり、ビブラートを徐々に深くして一気に終わるなど、サウンドに表情をつけられます。

キーボード
シンセサイザーの演奏

フカン

キーボード
上下2段で弾く

写真のセッティングは上段にシンセサイザー、下段にステージピアノと呼ばれるピアノ音源のキーボードをセットしたもの。ピアノで伴奏しながら、シンセでストリングスやホーンセクションなどの音を追加する弾き方です。バンドのキーボーディストは足りない音の追加を要求されることが多いので、なかなか忙しいポジションです。

キーボード
座って演奏

ペダルを多用するときなど、イスがあると操作が楽になります。とはいえあくまでも演奏の補助のためのイス。楽だから座るのではありません。上半身は立っているときと同じですね。

キーボード
オルガンの演奏

教会にあるパイプオルガンを電気的に再現しようとしたのがハモンドオルガン。写真で弾いているキーボードは、ハモンドオルガンを電子化して小型化したものです。オルガンの音色に特化したキーボードで、広がりと暖かみのある持続音やアタックのあるパーカッシブな音が特徴。ドローバーと呼ばれるレバーが並んでいて、それを出し入れすることで音色を調整します。

フカン

キーボード
オルガンの演奏

キーボーディストはギタリストと違いステージ上を動き回ることができません。観客にアピールするアクションは上半身が中心です。特にオルガンサウンドでは、パーカッシブな演奏に合わせて手を振り上げたり、体を揺さぶったり頭を振ったりすることも。立ち上がって体で表現するのもバンドを盛り上げる秘訣です。

フカン

キーボード
オルガンの演奏

鍵盤の上で手を素早く滑らせる奏法がグリッサンド。幅広い音域を滑らかに駆け上がったり駆け下りたり、ダイナミックな響きが際立ちます。指の背や爪を使うことが多い奏法ですが、オルガンでは手のひらを使ってねじ伏せるような動きをすることも。パワー溢れるオルガンならではのアクションです。

キーボード
オルガンの演奏

長い持続音がオルガンの特徴。レスリースピーカーという特殊なスピーカーを使った音色が定番です。音を揺らしたり、その揺らし幅を調節したりと、鳴らし続けながら音の表情を変えることができます。

キーボード
オルガンの演奏

右手である音を弾き続けているときに、さらにその上の音域の音を重ねようとすると、左手と右手が交差します。オルガンだけでなくピアノでもこのような奏法はよく見かけます。幅広い音域をカバーするキーボードだからこその奏法です。

キーボード
左右の2台で弾く

左右に並べたキーボードを両手を広げて弾きまくる。バンドのキーボーディストならではのダイナミックなアクションです。ここが見せ場という場面で両手を広げられるよう考えて楽器をセッティングするのも大切です。

キーボード
左右の2台で弾く

写真の場合はピアノとオルガンの二重奏。ピアノのバッキングにオルガンのメロディーを重ねたり、2台ユニゾン（同じ音）でフレーズを乗せたりと、バンドサウンドに厚みをつけられます。

キーボード
左右の2台で弾く

キーボード
ピアノの演奏

写真のキーボードはピアノ音源に特化したステージピアノと呼ばれるものです。通常のアコースティックピアノと同様に鍵盤の数は88。数種類のピアノの音を出すことができます。シンセサイザーなどでもピアノの音は出せますが、ステージピアノは鍵盤のタッチがピアノと同じような弾き心地のため、とくにピアノに慣れたキーボーディストは好んで使用します。

キーボード
ピアノの演奏

バンドでの演奏は見た目も大切。ボーカル、ギター、ベースに合わせて立って演奏するキーボーディストも多くいます。座っての演奏は落ち着いてじっくり弾ける反面、ステージで目立たなかったり、観客から見えづらいことも。ただし楽曲のジャンルにもよりますが、ピアノ演奏をメインにするキーボーディストは座って弾くことが多いようです。

キーボード
ピアノの演奏

フカン

キーボード
ピアノの演奏（譜面を見ながら）

キーボード
演奏者の視点(シンセサイザー/ピアノ)

キーボード
演奏者の視点（オルガン）

キーボード
演奏者の視点（ピアノ）

キーボード
演奏者の視点(ピアノ)／ペダルを踏む

フカン

足元のペダルは「ダンパーペダル（サスティンペダル）」。踏んでいる間に鍵盤を弾くと、音が途切れることなく響きます。音の響きを豊かにしたり、フレーズを滑らかにつなげるために使います。形状はフットスイッチのような形やピアノのペダルの形などさまざまで、演奏者の好みによって使い分けています。

DL Key_099-Key_105

キーボード
キーボードボーカル

バンドセッション

「バンド」は音楽を演奏する集団のこと。

一般的にバンドと聞くと、本書で取り扱っている「ロックバンド」を思い浮かべる人も多いでしょう。

ロックバンドの最少人数は「スリーピース・バンド」と呼ばれる3人組。ギター・ベース・ドラムで構成され、ギタリストやベーシストがボーカルを兼ねることが多いです。
ギターとボーカルの2人組やキーボードとギターの2人組の編成もよく見かけますが、これらはほとんどがバンドではなくユニットと呼ばれています。
バンドの最小単位であるスリーピースに、必要に応じてキーボードやパーカッション、管楽器、コーラスなどが加わることで、4人、5人、6人……と人数が増えていきます。近年のアニメやゲームに登場するロックバンドは4〜5人組が主流でしょうか。
ソウル・ファンクのジャンルでは十数人編成のバンドもあります。また、ジャズのビックバンドや吹奏楽のブラスバンドもバンドのひとつです。

お互いの音や動きに反応して音楽を紡ぐ様子はスポーツのチームプレーとも似ているかもしれません。バンドには、それぞれの楽器に思いを乗せて、仲間と音楽を作り出していく楽しみが詰まっています。

DL Band_001

バンドセッション

バンドセッション

バンドセッション

第2章 カバーイラストメイキング

カバーイラストメイキング

本書のカバーイラストは掲載されているポーズ写真を組み合わせて制作しています。ここではカバーイラストの制作の流れを紹介します。ポーズ写真の組み合わせ方やトレースのコツ、ポーズ写真からイラストに落とし込む際のポイントを解説していきます。

演奏している姿をオーディエンスに見せるライブシーンよりも、奏者自身が音楽を楽しんでいる様子に焦点を当てて描きたかったので「4人編成のガールズバンドがスタジオで演奏しているシーン」としました。

今回使用したソフト、
キャンバスサイズは以下になります。

使用ソフト：CLIP STUDIO PAINT、
　　　　　　Blender
キャンバスサイズ：8000×5656px
解像度：350dpi

1 テーマと構図を決める

まずはイラストのテーマを決め、そこから構図を決めていきます。
ダイナミックな構図にするため、画面の最も手前側に演奏者目線になる向きでドラムを配置したいと考え、土台になる1枚としてこちらの写真を選びました。

使用ポーズ
Dr_055 (P.126)

選んだ写真をもとに、スタジオの大まかな背景のパースを決めていきます。

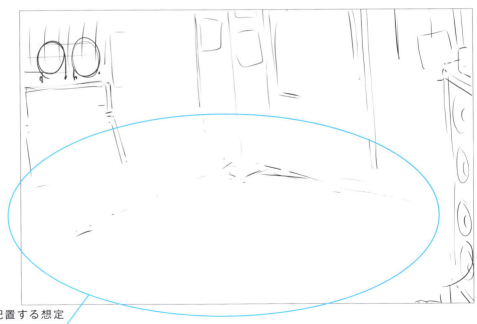

手前側にドラムを配置する想定

背景のパースを決めたら、そこに合うようにギター、ベース、キーボードの写真も選びます。今回はこちらの3枚にしました。

ギター 使用ポーズ Gt_125（P.44）　　ベース 使用ポーズ Ba_109（P.89）　　キーボード 使用ポーズ Key_008（P.137）

MEMO
今回のイラストはガールズバンドのため描くキャラクターは全員女性ですが、ベースのポーズは男性モデルの写真を選んでいます。
描きたいポーズや構図に合わせてモデルの性別に囚われず自由に活用してみると、イラストの表現の幅が広がります。

背景のパースに合わせて写真を配置していきます。

2 ラフを作成する

1で配置した写真をもとに、キャラクターのラフを作成します。
お互いがアイコンタクトを取りながら演奏している様子を描くため、写真のポーズをそのままトレースするのではなく、必要に応じて顔の向きやポーズを変更しています。

ギターをギター＆ボーカルに変更。
マイクを描き足して歌っているポーズに

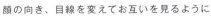

顔の向き、目線を変えてお互いを見るように

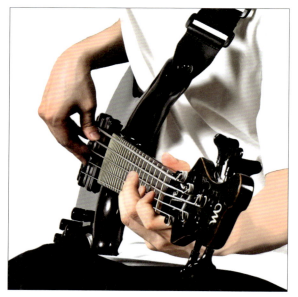
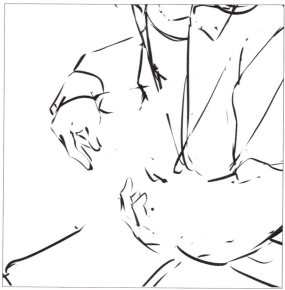

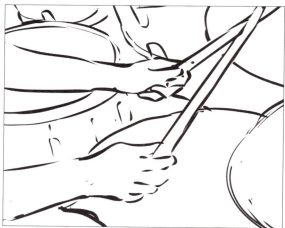

手の部分は精密にトレース

多くのイラストではキャラクターの体型は現実の人間と異なります。ポーズ写真を使用する際はすべてトレースするのではなく、基本的には骨格をもとにポーズの参考とするのがよいでしょう。一方、楽器を演奏する腕や手の付近といった複雑な部分は精密にトレースすると、リアルな演奏ポーズを描くことができてイラストのクオリティアップにつながります。
このように描くパーツによって写真の使い方を変えることが、ポーズ写真を活用するコツです。

腕や手に加えてギター、ベース、キーボードの楽器本体もポーズ写真をそのままトレースしました。

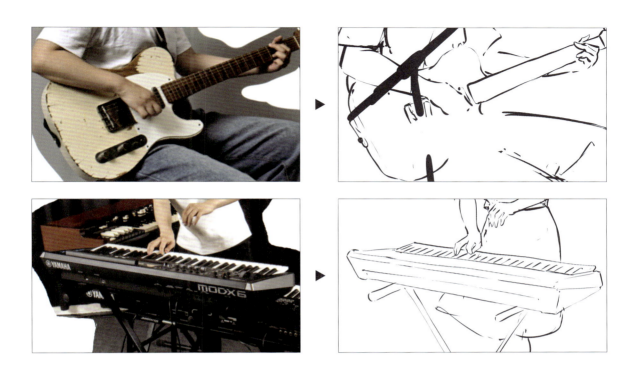

キャラクターのラフの完成です。

パースの奥行きを考えながら大まかに色分けをしました。

3 背景を作成する

2で描いたラフに沿って背景を作成します。私の普段の制作スタイルとして背景はBlenderを使用した3DCGで作成しています。今回もラフに沿った3Dモデルを作っていきます。

MEMO

アンプ、イスなどスタジオ内の機材や備品の3Dモデルを作成します。
ドラムに関しては背景とのパースの統一、ほかのキャラクターとの被り防止のためにセッティング変更をしたかったので、写真をそのままトレースせず新たに3Dモデルを作成しました。このような事情がない場合は、ドラムもトレースで描いてOKです。

作成した3Dモデルをもとに背景の線画を作成します。影はグレースケールで作成し、最終的に線画のレイヤーと影のレイヤーをそれぞれ出力します。画像は、線画のレイヤーと影のレイヤーを重ねたものです。

4 キャラクターの線画を描く

3Dで作成した背景の上に、2のラフをもとにキャラクターの線画を描いていきます。

 ▶

演奏する手や楽器本体についてはラフの段階で写真素材をトレースしていますが、より精密に描くため、再度写真素材を薄く表示し、直接トレースして描きました。

MEMO

キャンバスの向きや角度がそのままだと描きにくい場合があります。そこで、描きやすい向きと角度になるよう適宜キャンバスを反転、回転させています。

▼

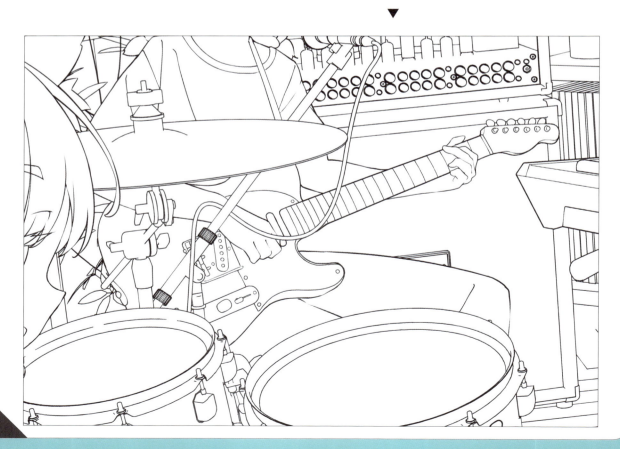

キャラクターの線画がすべて描けたら、背景の線画と合わせます。
2のラフをもとにキャラクター部分を1色で塗り分け、3で出力した影のレイヤーを背景に重ねます。

影のレイヤーと重ねたもの

線画のみ表示

5 下塗りをする

まずは背景の下塗りをします。
背景は下塗りをしたレイヤーの上に3で出力した影のレイヤーを乗算で重ねることで、一括で影を追加しています。

▼

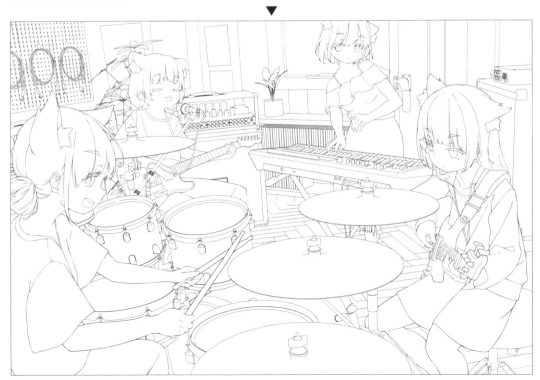

次にキャラクターの下塗りをします。
今回、各楽器のボディカラーは写真のものからイラストに合わせてそれぞれ変更しました。暖色の照明の中で際立つよう、キャラクターの髪や服の色とのバランスを見つつやや寒色寄りの色から選択しました。

 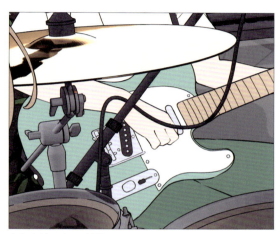

寒色寄りの色に変更

6 キャラクターの色塗りをする

キャラクターの影や光、ディテールを描き込んでいきます。

色塗りをするにあたって、楽器の各パーツの素材や質感、ディテールを確認する際にもポーズ写真を活用します。ギターは写真を参考に、ヴィンテージな雰囲気のボディの傷を描き込みました。

▼

ベースはボディやペグなど、光が当たる部分のハイライトを強めに入れることで光沢感を出しています。ドラムのシンバルも同様です。
キーボードはほかの楽器と比べてややマットな質感なので、描き込みを抑えています。

7 全体の仕上げをする

最後に背景のディテールアップや光などのエフェクト、全体の色調整を行って完成です。

▼

楽器コレクション
エレキギター

ペグ

ナット

フレット

指板

ネック

ストラップピン

ボディ

ピックアップ

トレモロアーム（バー）

ボリュームノブ

トーンノブ

ジャック

ブリッジ

Fender ストラトキャスター

レスポールと並び、最も有名なエレキギターといっても良い存在。ピックアップを3つ搭載し、先行して発売されたテレキャスターよりも、サウンドバリエーションの幅が広い。さらにシンクロナイズド・トレモロと呼ばれる、バーによって音程を上下させることのできる機構があるのが特徴。

全長：約97.5cm

▼カラーバリエーション例

写真提供：Fender Musical Instruments Corporation

Gibson レスポール・スタンダード

1952年に製造を開始したギブソン初のソリッド（空洞のない）ギター。写真の1959年モデルは、サンバースト・カラーで特に人気の機種。曲面で構成されたボディトップにはメイプル材の美しい木目。ギブソン社開発のハムバッキング・ピックアップがパワフルで太く温かみのあるサウンドを生み出す。

全長：約100cm

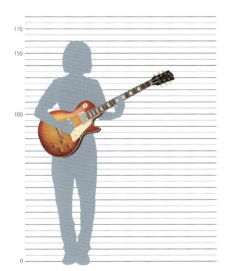

▼カラーバリエーション例

写真提供：Gibson Japan

201

エレキギター

Gibson SG スタンダード

レスポールの後継モデルとして1961年に発売された。ボディ材のマホガニーは軽量で、取り回しが楽。中音域に厚みのあるサウンドが特徴。22フレットでボディに接続されており、ハイポジションでの弾きやすさも人気の秘密。

Fender テレキャスター

1951年に開発された、フェンダー社の中でも一番歴史あるモデル。空洞のないソリッドボディは体に沿うような曲面加工もなく無骨なイメージ。ボディとネックをボルトで留めるフェンダーギターの始祖。ブライトで硬質なサウンドが特徴。

写真提供：Gibson Japan　　写真提供：Fender Musical Instruments Corporation

▼カラーバリエーション例

Fender ムスタング

元々はステューデントモデルとして学生や初心者向けに開発されたもの。しかし特徴あるシャープなサウンドと、短いスケール（弦長）の弾きやすさで根強い人気を持つ。ボディサイズもストラトキャスターなどに比べひと回り小ぶり。　全長：約100cm

Fender ジャズマスター

Gibson社のレスポールに対抗しジャズにも対応できるように開発されたが、ファットでメロウなサウンドは、他にも多くのジャンルで活躍している。左右のくびれが不対称なオフセット・ウエストのボディ形状が特徴的。

▼カラーバリエーション例

Fender ジャガー

ジャズマスターをベースに開発された、当時の最高機種モデル。シャープなサウンドを目指して新たに開発したピックアップを搭載。1970年代に人気が低迷し一時生産中止されるも、近年人気が復活し再生産されている。

▼カラーバリエーション例

写真提供：Fender Musical Instruments Corporation

エレキギター

Gibson ES-335

セミアコースティックと呼ばれる、両サイドに空洞を持つモデルの代表格。そのサウンドはソリッドギターよりウォームで、豊かな響きを持つ。バイオリンのようなf字型のサウンドホールが特徴。

▼カラーバリエーション例

Epiphone カジノ

中空のボディで、フルアコースティックと呼ばれるタイプ。セミアコースティックよりも、さらにふくよかな響きを持つ。ボディ表面はES-335同様、中央部分の膨らんだアーチトップ形状。P-90ピックアップの明るいサウンドも特徴。

▼カラーバリエーション例

写真提供：Gibson Japan

写真提供：Gibson Japan

Rickenbacker 330

キャッツアイ・サウンドホールを持つボディはセミアコースティックタイプ。独自のピックアップが作り出すシャキシャキした音色は、他のギターでは出すことのできないもの。最新仕様はヴィンテージライクな21フレットのスリムネックに変更。

ヤマハ パシフィカ112VM

ハイコストパフォーマンスで人気のギター。バランスの良い癖のないサウンドが魅力。このモデルは2つのシングルピックアップと1つのハムバッキングピックアップを持ち、多彩なサウンドでさまざまなジャンルに対応する。

写真提供：ヤマハミュージックジャパン

写真提供：山野楽器
※画像は旧モデル。現行モデルと仕様が一部異なります。

Gibson　ファイアーバード

リバースモデルと呼ばれる、右サイドが突き出た流線形のフォルムが印象的。ペグも6弦側を一番遠くに配置し、フェンダータイプのヘッドとは向きが反対になっている。ネック材がボディエンドまで貫通するスルーネックと言われる構造で、歯切れの良いサウンドを放つ。

Gibson　フライングV

V字型の未来的なフォルムで発売されたのはなんと1958年。まさに変形ギターの先駆け。尖った形状だがサウンドは意外に甘く軽やか。その形状ゆえに座って弾くのが困難。V字を右太腿に挟んで弾く姿をよく見かける。

Gibson　エクスプローラー

「探検家」という名のこのギターもフライングVと同じ年にデビューしているが、70年代に入ってから人気を博し、数々の派生モデルが生まれている。一見弾きにくそうだが意外に重量のバランスが良く、ステージ映えする一本。

Gibson　EDS-1275

12弦と6弦のダブルネックギター。スウィッチで12弦と6弦のアウトプットを切り替えられるようになっている。12弦でバッキング、6弦でソロを、というような弾き分けが容易に行える。マホガニーボディでSGモデルと似た形状、スペックを持つ。

写真提供：Gibson Japan

エレキギター

ピックアップバリエーション

通常ストラトキャスターには3つのシングルコイル・ピックアップが搭載されるが、そのうち1つ、あるいは2つをよりパワフルなハムバッキング・ピックアップに変更することがある。写真左はSSH配列と呼ばれる、リアピックアップをハムバッキングに変えたもの。
テレキャスターは通常、ブライトなサウンドのシングルコイルと呼ばれるピックアップが2個搭載されているが、ファットで高出力なハムバッキングピックアップを付けたものもある（写真右）。

レフティモデル

レフティモデルは、左利きの人が左右反対に構えた際に使いやすいよう、ボディ形状はもちろん、ノブ、スイッチ、トレモロアームなど全てのパーツを左右対称に配置した左利き用のモデル。弦も逆に張ってある。すべてのモデルにレフティモデルがあるわけではないが、その種類は増えている。

レリックモデル（エイジドモデル）

長く弾き込まれることにより刻まれる塗装の剥がれや汚れ、傷。新品の楽器を数十年も使われてきたヴィンテージ楽器のようなルックスに仕上げるのがレリック（エイジド）加工。ダメージ加工のジーンズにかっこよさを感じるのに通じるところも。

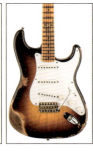

▲バリエーション例

写真提供：Gibson Japan、Fender Musical Instruments Corporation

アコースティックギター

Martin　D-28

アコースティックギターの王道ともいわれるD-28。アコギといえばこの形状がまさにスタンダード。響きは豊かで低音〜高音のバランスも良く、ソロギターでもバンドでもどこでも活躍できるギター。

全長：約102cm

写真提供：Martin Club Japan

アコースティックギター

Martin 000-28

歴史は古く、発売されたのはなんと1902年。ネックはD-28よりも短くボディも薄いので歯切れの良いサウンドを放つ。オーディトリアムと呼ばれる小ぶりなサイズで取り回しも楽。指弾きのプレーヤーにも人気。

全長：約100cm

Gibson J-45

長い間ギブソンの代表的なアコースティックギターとして知られているモデル。シンプルなルックスと骨太なサウンドで「The Workhorse（馬車馬）」の異名を持つ。なで肩のラウンドショルダーが他のモデルとの形状の違い。

全長：約103cm

Gibson ハミングバード

ボディ上部が角ばったスクエアショルダーの形状が特徴。独特な音色は「ハニートーン」と呼ばれ、その名の通り甘い響きが特徴的。名称はピックガードのハチドリの彫刻から。

▼カラーバリエーション例

写真提供：Martin Club Japan、Gibson Japan

Gibson SJ-200

ギブソンのアコースティックギターの中で最大のサイズを持つ。削り出しのマスターシュ（口髭型）ブリッジ、彫刻の施されたピックガードなど仕様も豪華。そのサウンドは太く倍音豊か、そしてとてもラウドだ。

ヤマハ CPX600

ピエゾ・ピックアップが内蔵され、アンプ（スピーカー）からも音を出すことができる、いわゆるエレアコ（エレクトリック・アコースティック）・ギター。ボディ下のエンドピンにケーブルを挿して使用する。

▼カラーバリエーション例

アクセサリー

▲ピック（ティアドロップ型）

ギタースタンド▶

譜面台▶

◀ストラップ

写真提供：Gibson Japan（SJ-200）、ヤマハミュージックジャパン（CPX600、アクセサリー）

エレキベース

Fender　プレシジョンベース

1951年に初めて発売されたエレクトリックベースがプレシジョンベース。その後何度かマイナーチェンジは行われているが、1ピックアップ、1ボリューム、1トーンとシンプルな設計はそのまま。無骨だがパワーのあるサウンドが今でも多くのベーシストを魅了する。

全長：約116cm

▼カラーバリエーション例

写真提供：Fender Musical Instruments Corporation

▲レフティモデル　　▲5弦モデル　　▲フレットレスモデル

Fender ジャズベース

エレクトリックベースのスタンダードとして、プレシジョンベースと人気を二分するモデル。2つのシングルコイル・ピックアップによるタイトで多彩なサウンドが特徴。ジャズマスター同様、左右のくびれが非対称な形状になっている。

全長：約118cm

▼カラーバリエーション例

写真提供：Fender Musical Instruments Corporation

エレキベース

Fender ムスタングベース

ギターのムスタング同様、ステューデントモデルとして開発された。ショートスケールと小ぶりなボディで体格が小さい子供や女性でも取り回しが楽。このモデルにはプレシジョンベースとジャズベースのピックアップが搭載されている。

全長：約116cm

▼カラーバリエーション例

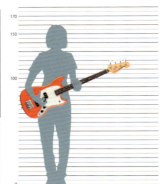

ヤマハ BB700 シリーズ

長く愛用者の多いヤマハの BB シリーズ。フロントにプレシジョンベースタイプのピックアップ、リアにジャズベースタイプのピックアップを搭載し、多彩なサウンドをコントロールできる。

Warwick Masterbuilt Streamer LX

ワーウィックは1982年に創設されたドイツのメーカー。小ぶりで曲面を多用したボディのモダンスタイル・シェイプが特徴。このモデルはLow B 弦を追加した5弦モデル。希少な材を使用した木目の美しさも目を惹く。

Gibson SG スタンダード・ベース

ショートスケールと2つのハムバッキングピックアップ、そして軽量なマホガニーのボディで、中音域の強い個性的なサウンドを発する。ツノを生やしたような独特のフォルムにもファンは多い。

▼カラーバリエーション例

写真提供：Fender Musical Instruments Corporation、ヤマハミュージックジャパン、Gibson Japan、山野楽器（Warwick）

Music Man スティングレイ
プリアンプを内蔵した最初のベース。低音、高音のコントロールノブがあり、より幅広い音作りができる。3対1のレイアウトになっているペグも印象的。スラップ奏法を多用するプレーヤーに人気が高い。背面に9V電池を挿入しプリアンプを駆動する。

Hofner バイオリンベース
バイオリンに似た形状で中空のホロウボディを持つ。ショートスケールで細めのネック、ボディも小さめでとても軽い。この楽器にしかない独特の甘いサウンドがオールドロック、ロックンロールにマッチする。
全長：約108cm

Rickenbacker 4003
個性的なのはボディ形状だけでなく、ピックアップやブリッジも独自のアイデアを盛り込んだ特殊なもの。サウンドは、硬くトレブリーなものからメロウな低音まで幅広く作り出せる。ボディがやや薄めなので、重量もそれほど重くない。
※画像は旧モデル。
　現行モデルと仕様が一部異なります。

写真提供：コルグ（Music Man）、黒澤楽器店（Hofner）、山野楽器（Rickenbacker）

エレキギターの値段って？

　エレキギターやベースの価格は、同じ機種の中でもメーカーや生産ラインの違いによってグレードはさまざまです。
　たとえばストラトキャスターの場合、フェンダーの本国・アメリカ製で20万〜40万円台、一方日本製のものは10万〜20万円台です。また、フェンダーにはスクワイヤーというブランドがあり、こちらは2万円台から手に入れることができるコストパフォーマンスに優れたモデルです。ストラトキャスターという名称はフェンダーの登録商標なので他社は使用できません。しかし、ストラトキャスター・タイプとして多くの国内外のメーカーが独自の工夫やアイデアを反映した製品を発売しています。初心者、入門者向けの数万円のものや、材や作りにこだわった数十万円のものまで、幅広い価格帯で各社が競い合っています。
　また、ギターの入手経路として中古楽器から探すというケースも増えています。作られた年代や元の価格によって値段は千差万別。気に入ったモデルが見つかるとお買い得ですね。
　ヴィンテージ楽器はファン垂涎。1950〜70年代に作られた楽器を指し、元の材の良さや長い年月に渡って弾かれたことで鳴りが良いとされています。一見ボロボロでも、弾いてみるとその迫力に圧倒されるということも。初めて発売された1954年のストラトキャスターには1000万円以上の価格がつく場合もあります。
　見た目はどれも同じようなギターでも、その弾き心地や音は大きく変わります。好みと予算に照らし合わせて何を選ぶか？　悩みどころかつ個性が反映されるポイントです。
　初心者なのに数十万円の楽器を持っていたら？　長くギターを弾いているのに、古い初心者用のギターを弾き続けていたら？　何か隠されたストーリーがありそうな気がしてきませんか？
　より魅力的なイラストを描くために、キャラクターの使う楽器について深く掘り下げてみるのもおすすめです。

ドラム

ヤマハ Tour Custom

シェル（胴部分）にメイプル材を使用した、明るく温もりのあるサウンドが特長。3種類のサイズ構成や単品のシェルからサイズを選びセットを構成できる。写真はスネアにタム2つ、フロアタムとバスドラムという基本的なセット。

写真提供：ヤマハミュージックジャパン

ヤマハ Live Custom Hybrid Oak

芯のある太いサウンドが特徴的。写真はバスドラム2つのいわゆるツーバスセット。左右の足で交互に踏めるので、バスドラム1つよりも高速な連打が可能になる。見た目の迫力も増し、ハードロックやヘヴィメタルのジャンルで使用されることが多い。

ヤマハ Recording Custom

小さなサイズでも音量や鳴りをキープできるように工夫し、現代のレコーディング環境に適したスタイル。写真のセットはタムタムを1つにしてフロアタムを2つに、シンバル類も水平に置くなどクラシカルな印象。ジャンルやスタイルによってスネアやタム、シンバルなどの数やサイズも変わる。

写真提供：ヤマハミュージックジャパン

電子ドラム

Roland TD-50KV2

叩いた振動をセンサーが電気信号に変え、その信号によってサンプリング音をスピーカーやヘッドフォンで鳴らす仕組みの電子ドラム。打面がラバーやメッシュ地のため、叩いた感じが実際のドラムと少し違うが、自宅でドラムの練習ができるのが大きなメリット。パッドを実際のドラムセットに組み込んで多彩な音を操るドラマーもいる。

写真提供：ローランド

スティック／マレット／ブラシ

写真提供：ヤマハミュージックジャパン

キーボード

ステージピアノ

ピアノの音色に特化し、いろいろなタイプのピアノ音色やエレクトリックピアノ、オルガン音源を持ったキーボード。グランド・ピアノ同様のタッチ（弾き心地）を持つことが特徴。多くのモデルがピアノ同様の88鍵盤を持つ。家庭で使う電子ピアノと違うのは、本体だけでは音が出ないこと。エレキギター同様、アンプやスピーカーなどに繋いで演奏する。

Roland RD-2000 EX
外形寸法（W×D×H）：
1412 × 367 × 140mm

ここにあるスイッチでボリュームや音色、音響効果の調節、ピアノ音源の選択をすることができる。

コントロールパネル

写真提供：ローランド

ヤマハ CP88
外形寸法（W×D×H）：
1298 × 364 × 141mm

写真提供：ヤマハミュージックジャパン

KORG D1

外形寸法（W×D×H）：
1327×263×128mm

写真提供：コルグ

シンセサイザー

複数の波形から音を合成し、自分でさまざまな音色を作り出せるのがシンセサイザー。最近の機種では膨大な内蔵プリセット音があり、弦、管、打楽器から、コーラスボイス、自然音、機械音などあらゆる音色を選ぶことができる。そこからイメージに合ったものをエディットして使うというのが主流。鍵盤数は61、73、76、88と各種ある。

Roland JUNO-DS61

外形寸法（W×D×H）：
1008×300×97mm

写真提供：ローランド

ヤマハ MODX6＋

外形寸法（W×D×H）：
937×331×134mm

写真提供：ヤマハミュージックジャパン

KORG KROSS 2-61

外形寸法（W × D × H）：
935 × 269 × 88mm

写真提供：コルグ

ショルダーキーボード

ギターのようにストラップで肩から掛けて演奏することのできるキーボード。持ち場を離れられないキーボーディストを解き放った画期的な製品。内蔵音源や外部の音源を使い、さまざまな音を出すことができる。ギターのネックのような左手部分のコントローラーで、音色、音程、ビブラートなどの調整ができる。

Roland AX-Edge

外形寸法（W × D × H）：
1252 × 291 × 85mm

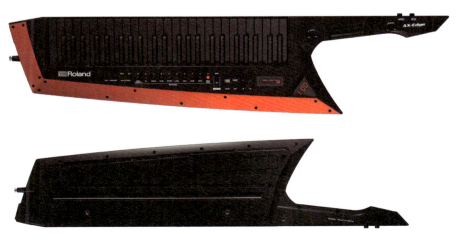

写真提供：ローランド

アンプ

エレキギターやエレキベースを鳴らすにはアンプが必要。シールドケーブルでギター、ベースと繋ぎ音を出す。エフェクターなどは、通常このアンプと楽器の間に入れられる。
一般的に「アンプ」と呼んでいるが、アンプ部（プリアンプ、パワーアンプ）とキャビネット部（スピーカー）からできている。アンプ部とキャビネットが一緒になっているものをコンボアンプ、それぞれ別になっているものをセパレートアンプと呼ぶ。
オーディオのアンプと違い、種類、ブランドによって出る音の違いが大きく、好みや音楽のジャンルによって使い分けることも多い。

Fender ツインリバーブ

スタジオやライブハウスでも定番のギターアンプ。12インチ（30cm）のスピーカーを2発使用。リバーブやビブラートといったエフェクトが内蔵され、真空管ならではのエッジの効いたクリーントーンがその持ち味。

外形寸法（W×D×H）：673×219×505mm

Marshall JCM800／1960AV

歪みサウンドの代名詞マーシャル。主流の機種はアンプとキャビネットに分かれたセパレートタイプ。このアンプがロックミュージックを支えてきたといっても過言ではない。12インチスピーカー4基搭載。

◀ JCM800 外形寸法（W×D×H）：
750×210×315mm

◀ 1960AV 外形寸法（W×D×H）：
770×365×755mm

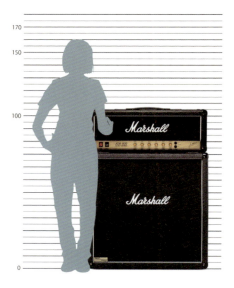

写真提供：Fender Musical Instruments Corporations、ヤマハミュージックジャパン

Roland JC-120

JCはJazz Chorusのこと。そのため「ジャズコ」と呼ばれることもある。真空管を使わないトランジスタ・アンプらしい、クリーンで素直な音が特徴。また内蔵のコーラスエフェクトも透明感があり、人気が高い。ジャンルを選ばず、さまざまなタイプのギタリストが使用している定番アンプ。

外形寸法（W×D×H）：760×280×622mm

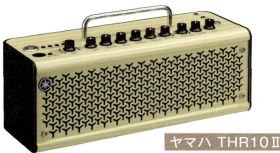

VOX AC15 C1

マーシャルと並ぶイギリスのアンプメーカー、ヴォックス。その歴史は古く1960年代からロックの歴史を支えている。スタジオなどではあまり見かけないが、中音域に特徴あるサウンドのファンも多い。

外形寸法（W×D×H）：602×265×456mm

ヤマハ THR10 II

家庭や小さな部屋などステージ以外で手軽に使えるコンパクトアンプ。ギターだけでなくベース、エレアコにも使用できるのがポイント。数種の歪みやエフェクターも内蔵され、練習用にうってつけ。

外形寸法（W×D×H）：368×140×183mm

ヤマハ GA15 II

小型の練習アンプ。外部音源のミックスが可能。AUX IN端子を装備しているので、スマートフォンなどの音源をGA15 IIから出すことができる。また、ヘッドフォンを使えば夜間の練習などにも役立つ。

外形寸法（W×D×H）：291×189×300mm

SVT-CL 外形寸法（W×D×H）：
610×330×292mm（上）

SVT-810E 外形寸法（W×D×H）：
660×406×1219mm（下）

Ampeg SVT-CL／SVT-810E

アンペグはアメリカのアンプメーカー。スタジオやライブハウスなどで見かけることの多いベースアンプ。10インチ（25cm）のスピーカーを8基搭載したキャビネットは時に「冷蔵庫」などと呼ばれることも。豊かなローエンドと音圧の強さが特徴的。

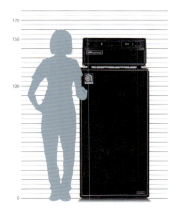

写真提供：ローランド（JC-120）、コルグ（AC15 C1）、ヤマハミュージックジャパン（THR10 II、GA15 II、Ampeg）

モデル／イラストレーター紹介

モデル

瀬川千鶴

ギタリスト。神奈川県横浜市出身。法政大学卒。布川俊樹に師事。
2007年の高校生軽音楽コンテスト県大会のベストギタリスト賞をはじめ、ギターマガジンコンテストなどで受賞を重ねる。
2009年、シックのブルーノート東京公演中のギターコンテストで優勝し、同最終公演でナイル・ロジャースと共演。
2016年ミニ・アルバム「A Day」、翌年ミニ・アルバム「inside,outside」を発表。
2024年3月に1stソロ・アルバム「One Step Closer」をリリース。

伊藤一道

ギタリスト。自身のバンドでのYouTube動画投稿や下北沢RPM、大久保Cafe Dolce Vita等でのセッションホスト、小規模ライブイベントでのギターサポートを務める。また、ギターインストラクター、ギター教室の運営、CM、映画、ドラマのギタートラックの演奏など様々な活動を続けている。

X：@kazumichi_gt
Instagram：@kazumichigt

カワノアキ

ベーシスト。千葉県出身。THE BACK HORNに影響を受け、高校の軽音部の入部をきっかけにベースを始める。大学在学中にプロを志すようになり、日野JINO賢二氏、二家本亮介氏にベースを師事。ファンクやソウルからも強く影響を受けている。
2021年1月よりBa&Voとしてのアーティスト活動「ar syura(アルシュラ)」を開始。アーティスト活動を中心に、ライブ・Recサポートやセッションなど幅広く活動している。

X：@gudetm_ak
Instagram：@akikawano76

Yuki Atori

ベーシスト。兵庫県神戸市出身。千葉大学工学部卒。2024年6月テレビ朝日「EIGHT-JAM」内「今、最も注目する若手ベーシスト」でRIZEのKenKen氏から紹介される。
2024年10月、フランスで最も有名なベース雑誌「Bassiste Magazine」で、ベースインフルエンサーのトップ15の1人として選ばれる。
インスタグラムではRHCPのFlea氏を初め、幅広いジャンルの有名海外ミュージシャンや楽器メーカーから多数フォローされ、フォロワー数は10万人を超える。

Instagram：@yuki_atori

番田渚奈子

ドラマー。東京都出身。QUEEN のロジャー・テイラーに憧れ、高校入学と同時にドラムを始める。2013年 10 月にアイドル・ロッキン・バンド「姫 carat」に加入しメジャーデビュー。
バンド解散後 2021 年 5 月にドラマー山木秀夫主催「オーディションみたいな！」にて、特別賞受賞。その後、山木秀夫コレクション、現「リンク」所属となる。
現在はライブサポート、MV・CM 撮影、モーションアクターなど幅広く活動中。

X：@NanakoBanda_dr
Instagram：@nanako_drum

大津惇

ドラマー / コンポーザー / アレンジャー。1990 年生まれ。ドラムを 6 歳より始め、幼少期 10 年間を米国デトロイトにて過ごし、ゴスペルをルーツにジャズやヒップホップなどに触れる。
帰国後は、国内外の R&B/JAZZ のトップアーティストのレコーディングやライブ共演する傍ら、アーティストへの楽曲の提供をはじめ、ミックス・マスタリングエンジニアとしても多岐に渡り精力的に活動している。

鈴木一葉

キーボーディスト。宮崎県出身。尚美ミュージックカレッジ専門学校電子オルガン科卒。
3 歳からピアノを始め、小学生からエレクトーンを主に学ぶ。
現在、アーティストやバンドのキーボードサポート演奏、レコーディング参加、MV 撮影参加などの活動を続けている。

Instagram：@kazuha8key

小室響

ピアニスト。神奈川県横浜市出身。2012 年よりジャズピアニストとして東京、神奈川を拠点に活動。
2022 年 4 月 10 日、ファーストアルバム「Résonance」をリリース。先行配信されたファーストシングル「Frontline」は iTunes ジャズチャート第 1 位を獲得。
自身のリーダーバンドでのライブのほか、サポートやレコーディングへの参加も多数。ジャズ、FUNK、R&B など、幅広いジャンルでライブを中心に演奏活動を行っている。

オフィシャル HP：https://www.hibikikomuro-piano.com/

イラストレーター

HOJI

兼業イラストレーター。
オリジナルイラストの制作活動のほか、ゲーム、VTuber などのキービジュアルや PR イラストなどの一枚絵、キャラクターデザインを担当。

X：@HOooooZY
Pixiv：https://www.pixiv.net/users/19133926

staff

撮影	吉浜弘之
ヘアメイク	五十嵐キヨ （担当モデル：瀬川千鶴、番田渚奈子、Yuki Atori） AKII （担当モデル：伊藤一道、大津 惇、カワノアキ、小室 響、鈴木一葉）
ポーズ監修	宮脇俊郎
モデル	伊藤一道、大津 惇、カワノアキ、小室 響、鈴木一葉、瀬川千鶴、番田渚奈子、Yuki Atori
イラスト	HOJI
ブックデザイン	サイトウタクヤ（合同会社達磨）
編集	株式会社レミック 秋山絵美（株式会社技術評論社）
編集協力	江森和久（Bugroove）
編集補助	長谷川亨（株式会社技術評論社）
協力	STUDIO BAYD 自由が丘店
写真提供	株式会社黒澤楽器店／株式会社コルグ／マーティンクラブ・ジャパン事務局／株式会社山野楽器／株式会社ヤマハミュージックジャパン／ローランド株式会社／Fender Musical Instruments Corporation／Gibson Japan

★お問い合わせについて

本書に関するご質問は、FAXか書面でお願いいたします。電話での直接のお問い合わせにはお答えできません。あらかじめご了承ください。また、下記のWebサイトでも質問用フォームを用意しておりますので、ご利用ください。ご質問の際には以下を明記してください。

・書籍名
・該当ページ
・返信先（メールアドレス）

　ご質問の際に記載いただいた個人情報は質問の返答以外の目的には使用いたしません。

　お送りいただいたご質問には、できる限り迅速にお答えするよう努力しておりますが、お時間をいただくこともございます。なお、ご質問は本書に記載されている内容に関するもののみとさせていただきます。

★問い合わせ先

〒162-0846　東京都新宿区市谷左内町21-13
株式会社技術評論社　書籍編集部
『バンドと楽器を描く　ポーズ資料集』係
FAX：03-3513-6181
Web：https://gihyo.jp/book/2025/978-4-297-14612-2

バンドと楽器を描く　ポーズ資料集
ギター／ベース／ドラム／キーボード

2025年1月11日　初版　第1刷発行

編者	レミック、技術評論社編集部
発行人	片岡巌
発行所	株式会社技術評論社 東京都新宿区市谷左内町21-13 電話　03-3513-6150　販売促進部 　　　03-3513-6185　書籍編集部
印刷・製本	株式会社シナノ

◎定価はカバーに表示してあります。
◎本書の一部または全部を著作権法の定める範囲を超え、無断で複写・複製・転載、テープ化、ファイルに落とすことを禁じます。
© 2025　株式会社レミック
造本には細心の注意を払っておりますが、万一、乱丁（ページの乱れ）や落丁（ページの抜け）がございましたら、小社販売促進部までお送りください。送料小社負担にてお取り替えいたします。

ISBN978-4-297-14612-2 C3055
Printed in Japan